Stefan von Gunten & Lorenz Jungi

Bestimmen Sie noch, oder coachen Sie schon?

Stefan von Gunten & Lorenz Jungi

Bestimmen Sie noch, oder coachen Sie schon?

Lösungsorientiertes Management in Organisationen

Dieses Buch ist auch als E-Book erhältlich:
ISBN 978-3-9524454-1-9

Verlag: Blue Bubble GmbH, Utzenstorf
Lektorat: Dr. Suzanne Auer, Bern
Gestaltung & Umschlag: Ideentität GmbH, Bern
Satz: TypoGrafik Berger, Thun
Herstellung: BoD – Books on Demand, Norderstedt

1. Auflage 2015

ISBN 978-3-9524454-0-2

blue bubble

www.bluebubble.ch

Stefan von Gunten
Jahrgang 1968, studierte Betriebswirtschaft in Bern und Luzern. Er leitet eine grössere Organisation und ist als Coach für Führungskräfte tätig. Seit mehreren Jahren entwickelt er den lösungsorientierten Coaching-Ansatz weiter und setzt ihn erfolgreich in seinem Führungsalltag um. Er ist verheiratet und Vater von zwei Kindern.

Lorenz Jungi
Jahrgang 1966, studierte Psychologie in Bern. Er ist Inhaber der human events ag, die in den Bereichen Training, Coaching, Teamdevelopment und Assessment tätig ist. Er coacht seit über 10 Jahren Führungskräfte auf allen Kaderstufen und lebt den lösungsorientierten Ansatz auch im Management der Firma. Er ist Vater von zwei Töchtern.

Inhaltsverzeichnis

Vorwort

Dieses Buch will Sie dazu einladen, vermehrt zu coachen anstatt zu bestimmen – und das aus guten Gründen. Das Buch zeigt Ihnen auf, wann und wie Coaching sinnvoll eingesetzt werden kann und welcher Mehrwert sich daraus ergibt. In klarer Sprache und mit konkreten Beispielen wird überzeugend hergeleitet, warum es sowohl Ihnen als Chef oder Chefin als auch Ihren Mitarbeitenden und Ihrem Unternehmen oft mehr bringt, wenn Sie weniger bestimmen.

Die Autoren gehen davon aus, dass lösungsorientiertes Coaching mehr ist als eine Managementtechnik. Sie verstehen Coaching in erster Linie als einen Führungsstil, der geprägt ist von einem positiven Menschenbild und der Fähigkeit, den Mitarbeitenden zu vertrauen. Erfahrene Führungskräfte wissen, dass die Mitarbeitenden oft die wahren Experten für die zu lösenden Probleme sind. Es geht deshalb darum, dieses Expertenwissen bestmöglich abzuholen und zu nutzen – durch Coaching. Dieser Ansatz bietet viele Vorteile: Sie werden von Ihren Mitarbeitenden nicht als Besserwisser wahrgenommen, sondern als unterstützende, motivierende und wertschätzende Person. Das führt nicht nur zu praxistauglichen Lösungen, sondern verbessert zugleich auch das Betriebsklima und fördert das Selbstbewusstsein sowie die Eigenverantwortung der Mitarbeitenden. Coaching ist deshalb immer auch ein Beitrag zu einer erfolgreichen Organisationsentwicklung.

Das Buch ist kein theoretisches Werk, sondern basiert auf der Praxis, es ist im besten Sinne alltagstauglich. Ich kenne und schätze die Arbeit der beiden Autoren aus eigener beruflicher Erfahrung und kann immer wieder mitverfolgen, wie sich ihr Coaching in verschiedensten Situationen bewährt. Oft sind es die kleinen und unspektakulären Interventionen, die den Stein ins Rollen und die Mitarbeitenden sowie die Organisation weiter bringen. Dafür finden Sie nachfolgend viele Praxisbeispiele und Anregungen. Sie erfahren aber auch, wie Sie Coaching beispielsweise für Mitarbeitergespräche und die Moderation von Workshops einsetzen können. Der Ansatz hat also ein weitreichendes Potenzial und kann für fast alle Führungssituationen verwendet werden. Zugleich zeigt das Buch auf, in welchen Situationen Sie auf Coaching verzichten und besser selber entscheiden sollten. Dazu enthält es eine innovative Beurteilungsmethode.

Bern, im März 2015
Felix Wolffers

Einleitung

Coaching etablierte sich in den letzten Jahren als wirkungsvolle Methode, um persönliche und berufliche Ziele zu erreichen. Möglicherweise machten Sie selber oder Menschen in Ihrem Umfeld damit Erfahrungen?

Ist Coaching nun eine Sache zwischen zahlendem Kunden und Coach, oder funktioniert es auch zwischen Chef und Mitarbeiter[1]? Diese Frage können wir mit einem klaren «Ja, es klappt» beantworten.

Lösungsorientiertes Coaching für Führungskräfte bietet die Möglichkeit, dass Sie die Ressourcen Ihrer Angestellten besser nutzen und als Vorgesetzter wirkungsvoller führen. Gelingt es Ihnen, dieses Potenzial auszuschöpfen, wirkt es sich positiv auf die gesamte Organisation aus.

Dieses Buch zeigt auf inspirierende Weise, wie Sie Coaching in Ihren Führungsalltag integrieren können und was eine lösungsorientierte Haltung bewirkt.

Lernen Sie im ersten Teil die Grundlagen und Funktionsweise kennen. Im zweiten Teil richten wir den Fokus auf die Besonderheiten des lösungsorientierten Coachings

[1] Aus Gründen der Lesbarkeit wird in diesem Buch ausschliesslich die männliche Form verwendet. Die weibliche Form ist aber selbstverständlich immer mit eingeschlossen.

in der Führung. In welchen Situationen ist dieser Ansatz nützlich? Wo liegen die Chancen? Wo seine Grenzen? Die notwendigen Hintergründe sind verständlich und praxisnah erklärt.

In beiden Teilen des Buches finden Sie Fallbeispiele konkreter Führungssituationen, in denen lösungsorientiertes Coaching wirkungsvoll war. Sie sind als Anregung gedacht, um Ihre Neugierde und Lust zu wecken, sich selbst als Coach zu versuchen.

Basierend auf dieses Buch, bieten wir regelmässig Workshops und Seminare für Führungskräfte an. Das Angebot an Weiterbildungen und weiterführende Informationen zum Thema lösungsorientiertes Coaching für Führungskräfte finden Sie unter: www.vongunten.ch und www.humanevents.ch.

Schreiben Sie Ihre persönliche Erfolgsgeschichte an verlag@bluebubble.ch. Was hat bei Ihnen funktioniert? In welchen Situationen wurden Sie vom Bestimmer zum Coach?

Teil 1

Wenn Sie die Lösungen den anderen überlassen können

Es passierte am zweiten Arbeitstag. Ich stand an meinem Bürotisch, als es klopfte. Sandra Neuhaus, eine erfahrene Abteilungsleiterin, hatte ein Problem in einem Sachgeschäft. Sie schilderte die Situation und erwartete von mir eine Lösung. Soweit ich das überhaupt beurteilen konnte, schienen mir ihre ersten Überlegungen sinnvoll.

In diesem Punkt lag meine Schwierigkeit: Als krisenerprobter Manager übernahm ich die Funktion des CEO, mit dem Auftrag, diese Fachorganisation aus der akuten Krise zu führen. Als Generalist führte ich ein Team von Spezialisten, die sich allesamt auf Expertenniveau bewegten. Wie sollte ich da bei der Bewältigung von fachspezifischen Problemsituationen unterstützend sein?

Im Gespräch fiel mir auf, wie gut Sandra Neuhaus dokumentiert war. Sie hatte ausserdem eine klare Vorstellung für eine mögliche Lösung. In meiner Ratlosigkeit fragte ich sie nach gangbaren Alternativen und allfälligen Risiken, mehr hatte ich nicht zu bieten. Für Sandra Neuhaus musste der Gang in mein Büro wenig hilfreich, ja sogar enttäuschend gewesen sein.

Dieses Erlebnis wiederholte sich in den nächsten Wochen mit mehreren Teammitgliedern. Sie verlangten von mir Lösungen und Entscheidungen zu Sachfragen, in denen ich zu wenig Know-how hatte. Ich verliess mich auf mein Vertrauen und meine Neugierde.

Durch diese Erfahrungen kam ich zum Schluss, dass die Mitarbeitenden ihre Lösungen jeweils gleich selbst mitbringen, bloss ist ihnen das oft nicht bewusst. Meine Aufgabe ist nicht, eine bessere Problemlösung zu suchen, sondern die Mitarbeitenden darin zu unterstützen, ihre Lösung zu ihrem Problem zu finden. Ich kann in solchen Situationen ein Begleiter sein. Sie aber sind die Experten für ihr Problem.

Schnelleinstieg in lösungsorientiertes Coaching

Den Einstieg in die Welt des lösungsorientierten Coachings möchten wir mit einem Fallbeispiel erleichtern.

Nach einem Meeting bat mich Rebecca, eine Kollegin, um Rat. Sie ist Teamleiterin eines Sekretariats und klagt über eine schlechte Stimmung in ihrem Team. Sie habe in einem wöchentlichen Treffen die angespannte Atmosphäre angesprochen, jedoch keine schlüssigen Antworten zu den möglichen Ursachen erhalten. Diese Situation sei für sie belastend. Vor Kurzem hätten bei ihr die ersten Schlafstörungen eingesetzt, die sie auf die besagte schwierige Bürosituation zurückführe.

Ich frage sie, was sie von unserem Gespräch erwarte. Nachdenklich schaut sie mich an und antwortet: «Ich möchte Klarheit darüber, wie ich diese Situation verändern kann!».

«Stell Dir vor, dass Du nächste Woche ins Büro gehst und merkst, dass sich die Stimmung verbessert hat. Woran würdest Du diese Veränderung erkennen?» Rebecca überlegt und meint: «Wir würden wieder gemeinsam in die Pause gehen, und wir würden wieder lachen.» Nach einer kurzen Pause fügt sie an: «Diese kleinen Gehässigkeiten wären verschwunden.» «Woran würden Deine Bürokollegen bei Dir bemerken, dass sich etwas verändert hat?», hake ich nach. Die Antwort kommt rasch: «An meinem Lächeln und meiner Leichtigkeit.»

«Gab es in Deiner Vergangenheit eine vergleichbare Situation, in der es Dir gelungen ist, sie zum Positiven zu verändern?» Sie denkt lange nach, bis ein Schmunzeln ihr Gesicht erhellt. «Ja, da war vor Jahren eine ähnliche Gegebenheit!» Ich frage: «Wie hast Du es geschafft, sie zu klären?» Die Unsicherheit in ihrer Stimme ist verschwunden. Sie erzählt mir, dass sie damals spontan einen Ausflug organisiert habe, um durch eine Luftveränderung Bewegung in die verhärteten Positionen zu bringen. Der Trip öffnete Türen, um kritische Punkte im Team ansprechen zu können. «Inwiefern könnte diese Erfahrung für deine heutige Lage nützlich sein?» Sie antwortet: «Die Teamentwicklung wurde in den letzten Jahren vernachlässigt, zudem hatten wir zwei längere, krankheitsbedingte Abwesenheiten. Über all das haben wir uns nie unterhalten.» Sie fügt an: «Ich will mit meinem Team eine Verschnaufpause einlegen, damit wir gemeinsam nach Lösungen suchen können.»

Für ihre nächsten Schritte wünsche ich Rebecca viel Erfolg. Wir verabschieden uns und vereinbaren, dass wir in zwei Wochen nochmals auf ihre Situation zu sprechen kommen.

Diese fünf Annahmen erleichtern Ihr Coaching-Leben

In einem lösungsorientierten Coaching
gehen wir von 5 Annahmen aus.

Annahme 1: vom «Warum» zum «Wie»
Der Mitarbeiter ist der Experte für «sein» Problem. Deshalb gehen wir davon aus, dass er auch der Experte für «seine» Lösung ist. Es ist demzufolge unbedeutend, was wir über das Problem wissen. Unser «Nichtwissen» bringt zwei Vorteile: Erstens lassen wir uns nicht zu nett gemeinten, ungefragten Ratschlägen verleiten. Zweitens entlastet es den Coach, denn nicht er ist für die Lösung verantwortlich, sondern sein Gegenüber. Beim lösungsorientierten Coaching sprechen wir, anders gesagt, auch vom problemlosen Coaching.

Im Coaching unterscheiden wir zwischen der Problemebene («Warum») und der Lösungsebene («Wie»). Während des Dialogs bleiben wir so lange auf der «Warum-Ebene», wie es für den Mitarbeitenden nützlich ist. Erst danach wird das Gespräch auf der «Wie-Ebene» weitergeführt. Allein die Tatsache, dass er oder sie frei über die Situation erzählen kann, wirkt oft befreiend und löst eine erste Veränderung aus. Führungskräfte und Mitarbeitende sind oft davon betroffen, dass sie praktisch nie die Gelegenheit haben, einem Zuhörer über ein Problem zu erzählen, der es wertfrei entgegennimmt.

Verliert sich der Mitarbeiter in einer endlosen Problemschleife, wechseln wir von der Problem- auf die Lösungsebene (siehe «Der Coaching-Prozess»).

Um zu veranschaulichen, dass es sich lohnt, sich mehr auf der Lösungs- als auf der Problemebene zu bewegen, laden wir Sie zu einem Experiment ein: Stellen Sie bei einem Thema 7-mal hintereinander die Frage «Warum?». Versuchen Sie es anschliessend beim gleichen oder einem anderen Thema mit der Frage: «Wie möchte ich das anders angehen/machen?». So gelangen wir von der Lösungs- auf die Problemebene und können in unseren Teams ein besseres Klima schaffen. Je mehr «Wie-Fragen», desto schneller kommen wir zum Erfolg (Grawe).

Annahme 2: Die Veränderung liegt in der Zukunft
Nehmen Sie sich einen Augenblick Zeit. Haben Sie ein aktuelles Coaching-Thema? Wenn ja, stellen Sie sich nun vor, Sie wachen morgens auf und diese Situation hätte sich zu Ihrer vollsten Zufriedenheit verändert. Woran würden Sie dies erkennen?

Mit einer solchen «Zukunftsfrage» lösen wir uns von der Problemebene und setzen auf eine Zukunft, in der die Lösung ein Teil des Möglichen ist. Es geht nicht mehr darum, was heute nicht klappt, sondern was sich in der Zukunft zum Positiven verändern würde. Die Frage zielt auf die Veränderungen. «Lösungen nicht unnötig im Weg stehen» (Steve de Shazer).

Annahme 3: Mehr von dem, was funktioniert
Wir nehmen an, dass jeder Mitarbeitende über Fähigkeiten und Eigenschaften verfügt, die ihn unterstützen, positive Veränderungen herbeizuführen. Durch unsere Fragen nach früheren Erfolgen aktivieren wir jene Ressourcen, die für die weiteren Schritte wirkungsvoll sind. «Nimm immer zuerst die Person in ihren Ressourcen wahr» (Insoo Kim Berg).

Annahme 4: Die Realität ist subjektiv
Als lösungsorientierte Coaches gehen wir davon aus, dass jeder Mensch seine eigene, subjektive Realität «konstruiert». Diese Annahme lässt darauf vertrauen, dass alleine der Mitarbeiter weiss, was für ihn gut ist. Es ist unwichtig, was wir denken, da unsere Sichtweise nicht mit derjenigen unseres Gegenübers übereinstimmt.

Annahme 5: Der Stein des Anstosses
Die Systemtheorie besagt, dass Elemente in einem System sich gegenseitig beeinflussen. Eine Veränderung an einem Punkt wirkt sich immer auf andere Einheiten und letztlich auf das Ganze aus. Wenn es dem Mitarbeitenden gelingt, in «seinem» System etwas in Bewegung zu setzen, wird sich das folglich auf das gesamte System auswirken. Wir verstehen deshalb Coaching auch als Organisationsentwicklung.

Seien Sie zuversichtlich, dass Ihr Coaching immer etwas auslösen wird, auch wenn es kleine Schritte Richtung Ziel sind. Wir erfahren es jedoch immer erst, wenn wir unseren Mitarbeiter wieder sehen und er von seinen Veränderungen berichtet.

Die Rahmenbedingungen einer lösungsorientierten Führungsperson unterscheiden sich massgeblich von jenen eines selbständigen Coaches. Dessen ungeachtet tun beide dasselbe. Der Coach arbeitet im Auftragsverhältnis für den Kunden, mit klar vereinbarten Kriterien. Bei Ihnen als Vorgesetztem sieht die Realität anders aus: Die Coaching-Situationen entstehen in der Regel ausserhalb des Sitzungszimmers, häufig im Gang, in der Lobby, neben der Kaffeemaschine oder während eines Pausengesprächs. Ein Coaching muss keine Mindestlänge haben. Manchmal genügt eine einzige Frage von Ihnen, um einiges in Bewegung zu setzen.

Haben Sie den Schritt geschafft, Lösungsorientierung nicht als Methode, sondern als Haltung zu verinnerlichen, so werden Sie immer dann coachen, wenn Lösungen gefragt sind.

Ein schönes Beispiel dafür ist die Geschichte eines Produktionsleiters, der gerade aus seinen Ferien zurückgekehrt ist. Ein Schichtleiter kommt aufgeregt zu ihm und erzählt ihm, dass bei Maschine 3 ein Defekt aufgetreten sei. Der Produktionsleiter fragt ihn darauf: «Angenommen, ich wäre noch in den Ferien. Was würden Sie dann tun?».

Coaching als Organisationsentwicklung

Die positiven Auswirkungen auf Sie, Ihre Mitarbeitenden und auf die gesamte Organisation sind vielfältig. Wenn Sie sich Richtung Lösungsorientierung verändern, wird das üblicherweise von Ihrem Umfeld rasch aufgenommen. Ähnlich wie der Wasserwellen-Effekt: Sie werfen einen Stein ins Wasser, und die Wellen ziehen immer grösser werdende Kreise um sich.

Durch eine lösungsorientierte Haltung werden Sie automatisch Ihr Führungsverhalten verändern und Ihr direktes Umfeld beeinflussen. Das wiederum wird einen Einfluss auf weite Teile Ihrer Organisation haben. Coachen Sie Ihre Mitarbeitenden, dann coachen Sie die Organisation.

Die Wirkung von lösungsorientiertem Führungsverhalten

Auswirkungen auf die Mitarbeitenden in Ihrem direkten Umfeld

Als lösungsorientierte Führungsperson bestärken Sie Ihre Mitarbeitenden in ihren Ressourcen und ihren Stärken. Dadurch, dass Sie sich selbst zurücknehmen und die Lösungsfindung den «Experten für das Problem» überlassen, erreichen Sie mehrere Ziele gleichzeitig: Kenner des Problems entwickeln Lösungsansätze. Sie können davon ausgehen, dass die Lösung fachlich abgestützt ist. Ihre Mitarbeitenden werden Sie nicht als besserwisserisch, sondern als unterstützend erleben und das mit einer höheren Motivation danken. Dadurch, dass die Problemebene nicht zentral ist, verlaufen diese Entwicklungsprozesse positiv, konstruktiv und ohne irgendwelche Schuldzuweisungen.

Je weniger Sie bestimmen, desto mehr fördern und entwickeln Sie Ihre Mitarbeitenden und werten damit ihre Stellen auf. Mitarbeitende entwickeln Selbstverantwortung und eigene Lösungen, die Sie als Führungskraft möglicherweise nicht angedacht hätten.

Schlussendlich sind motivierte Mitarbeitende mit einer hohen Identifikation produktiver und sorgen für mehr Wertschöpfung.

Auswirkungen auf die Organisation und ihre Kultur
Sich auf der Lösungsebene zu bewegen, hat viel mit der Gestaltung der Zukunft zu tun. Binden Sie die Mitarbeitenden in diesen Prozess ein, signalisieren Sie Ihre hohe Wertschätzung für sie! Vorhandene Ressourcen innerhalb der Organisation werden gestärkt, und das führt zu einer Vertrauenskultur.

Auswirkungen auf das Umfeld der Organisation
Dieser Kulturwandel wird früher oder später auch von Ihren Kunden und Partnern wahrgenommen. Geschäftspartner, die sich auf der Lösungsebene bewegen und nicht übermässig mit der Problemebene herumschlagen, sind vertrauenswürdiger. Schnittstellen werden zu Nahtstellen, und Sie reduzieren das mögliche Konfliktpotential.

Gelingt es, den lösungsorientierten Ansatz in Ihrer Organisation durchzusetzen, können Sie davon ausgehen, dass sich das positiv für Sie als Arbeitgeber auswirkt. Motivierte Mitarbeitende sprechen darüber, und Ihre Organisation wird attraktiver auf dem Arbeitsmarkt.

Bestimmen Sie noch, oder coachen Sie schon?

Setzen Sie sich mit lösungsorientiertem Coaching aus Sicht des Chefs auseinander, werden Sie das unausweichlich auch mit Ihrem bisherigen Führungs- und Rollenverständnis tun müssen. Möglicherweise bedeutet das für Sie, dass Sie mit dem neuen Weg auch neue Risiken eingehen müssen. Dadurch eröffnen sich aber viele Chancen, wie im vorherigen Kapitel aufgezeigt wurde.

Es gibt unzählige, in der Literatur beschriebene Führungsmodelle. Sicher haben Sie persönlich Ihre eigene Art zu führen entwickelt. Das Führungsverhalten ist eng gekoppelt mit den Menschenbildern und Werthaltungen, die wir in uns tragen. Sie haben ein positives Menschenbild, und Ihnen fällt es leicht, Ihren Mitarbeitenden zu vertrauen? Dann bringen Sie eine wesentliche Voraussetzung mit, um gegenüber Ihren Mitarbeitenden glaubwürdig als Coach und Vorgesetzter zu bestehen.

Sind Sie als Coach überhaupt geeignet?

Wenn Sie folgende Fragen mit «Ja» beantworten können, stehen die Chancen gut, dass Sie das Potential zum erfolgreichen Coach haben:

- Fällt es Ihnen leicht, Ihren Mitarbeitenden Vertrauen auszusprechen?
- Können Sie Lösungen unterstützen, die nicht von Ihnen stammen?
- Anerkennen Sie die Professionalität Ihrer Mitarbeitenden?
- Kennen Sie die Ressourcen Ihrer Mitarbeitenden?
- Können Sie sich vorstellen, in gewissen Situationen nicht zu bestimmen, sondern zu coachen?

Wenn Sie diese Fragen mehrheitlich mit «Nein» beantwortet haben, dann legen Sie das Buch zur Seite und widmen sich anderen Dingen! Lösungsorientiertes Coaching ist nichts für Sie...

...Aha, schön, dass Sie weiterlesen! Herzliche Gratulation, Sie bringen die notwendigen Fähigkeiten mit.

Mitarbeitende lösungsorientiert zu coachen bedeutet, sich als Vorgesetzter von der Rolle des Bestimmers zu lösen und Lösungen zu akzeptieren, die diese entwickelt haben (siehe Kapitel «Rollenkonflikt»). Die Herausforderung ist, dass Sie situativ entscheiden müssen, welche Rolle Sie einnehmen wollen. Wollen Sie in dieser Situation bestimmen oder coachen? Oder ist es eine Kombination aus beidem (was in der Praxis häufig vorkommt)?

Die Coachen-/Bestimmen-Entscheidungsmatrix

Es gibt in der Praxis kaum eine Situation, in der sich die Rollen messerscharf trennen lassen. In einer Sachlage überlassen Sie die Entwicklung möglicher Lösungsoptionen Ihren Mitarbeitenden. Sie entscheiden über das Vorgehen. In anderen Fragestellungen delegieren Sie sowohl den Lösungsprozess als auch die Entscheidung Ihrem Mitarbeiter.

Damit Sie entscheiden können, wie viel Sie bestimmen und wie viel Sie coachen möchten, haben sich die folgenden beiden Fragen bewährt:

1. Über wie viel Fachkenntnis verfügt der Mitarbeitende, um diese Problemstellung zu bewältigen? Ist er der Experte für sein Problem?
2. Wie viel Frei- und Gestaltungsraum wollen Sie Ihrem Mitarbeitenden bei der Lösungsentwicklung gewähren?

Nehmen Sie die nachfolgende Abbildung der Coachen-/Bestimmen-Entscheidungsmatrix zur Hand. Legen Sie für Frage 1 (Fachkenntnisse) auf der vertikalen Achse einen Wert zwischen 1 und 10 fest. Tun Sie das Gleiche für Frage 2 (Frei- und Gestaltungsraum) auf der horizontalen Achse. Wert 1 ist der tiefste Wert, 10 der höchste.

Beim Schnittpunkt dieser beiden Werte liegt das Verhältnis zwischen Coachen und Bestimmen. Ist der Mitarbeitende ein Experte für das Problem und Sie gewähren ihm einen hohen Gestaltungsraum, dann ist hier ein lösungsorientiertes Kurzzeitcoaching erfolgversprechend und sinnvoll. Ist der Mitarbeitende kein Experte für sein Problem und Sie möchten keinen Gestaltungsraum für eine eigene Lösungsfindung gewähren, dann sind Sie gefordert zu bestimmen. Ein Mittelweg liegt beispielsweise darin, dass die Mitarbeitenden zwar mögliche Lösungen entwickeln, aber Sie entscheiden, welche umgesetzt wird.

Coachen-Bestimmen Entscheidungsmatrix

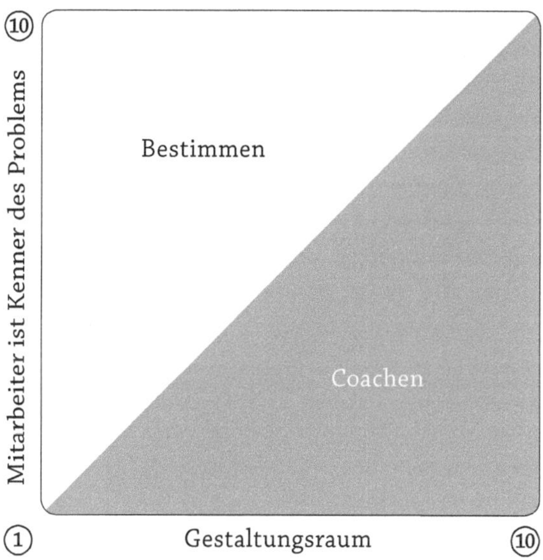

So können Sie erfolgreich mit dem Rollenkonflikt umgehen

In einem kommerziellen Coaching sind Coach und Kunde auf gleicher Augenhöhe. In einer Organisation ist das nicht der Fall, da sie normalerweise hierarchisch aufgebaut ist. Wenn Chef und Mitarbeiter plötzlich zu Coach und Kunde werden, kann das zu einem Rollenkonflikt führen, in dem es einige Punkte zu beachten gilt:

- Als lösungsorientierter Coach können Sie sich zurücklehnen und Ihrem Kunden überlassen, was er mit dem Coaching-Ergebnis anfängt. Sie sind nur Gast- und Raumgeber und haben keinerlei Verantwortung für die Nachhaltigkeit. Als Führungsperson tragen Sie eine Gesamtverantwortung und wollen Ziele erreichen. Es ist Ihnen also nicht egal, wie Probleme in Ihrem Verantwortungsbereich gelöst werden (siehe Kapitel «Bestimmen Sie noch, oder coachen Sie schon?»).
- Möglicherweise gibt es Rahmenbedingungen, die den Gestaltungsraum Ihrer Mitarbeitenden einschränken. Das können Kompetenzregelungen sein, welche die Handlungs- und Umsetzungsfähigkeit einengen.
- Coaching-Situationen im Unternehmen ergeben sich meist ungeplant, im Gegensatz zu vorgängig vereinbarten Coachings zwischen Coach und kommerziellen Kunden. Sie stehen so vor der Herausforderung, spontan aus Ihrer Rolle als Chef in jene des Coachs zu schlüpfen. Das ist für Mitarbeitende manchmal verwirrend, vor allem wenn sie sich den neuen lösungsorientierten Führungsstil nicht gewohnt sind.

- Angenommen, in einer Situation bestimmen und in anderen coachen Sie, kann das Mitarbeitende irritieren. Es fällt ihnen möglicherweise schwer einzuschätzen, woran sie eigentlich sind. Im gegebenen Fall bedarf es einer Klärung.

Ihr Wandel vom Bestimmer zum Coach mag ungewohnt erscheinen. Die neue, positive Führungskultur ist gegenüber den Mitarbeitenden mit Vertrauen und Respekt verbunden. Wir machten regelmässig die Erfahrung, dass es eine gewisse Zeit braucht und die Menschen sich an den «neuen Stil» gewöhnen müssen. Hie und da wurde die Lösungsorientierung thematisiert und erklärt, weshalb eine bestimmte Frage gestellt wurde. Das führt zu Klärung und zu mehr Verständnis.

Nach einigen Wochen werden Sie feststellen, dass Ihre Mitarbeitenden zunehmend eine lösungsorientierte Sichtweise einnehmen. Diejenigen, die selbst Führungspositionen innehaben, beginnen oft, ihr Personal zu coachen. Die früher eher defizitorientierte Kultur beginnt, sich in eine wertschätzende, lösungsorientierte Kultur zu wandeln.

Manchmal hilft es, den Rollenkonflikt zu entschärfen, wenn Sie Ihr Führungscoaching an einem Ort durchführen, wo Sie für gewöhnlich nicht mit Ihren Mitarbeitenden sprechen. Brechen Sie das Gewohnte auf! Gehen Sie ein paar Schritte, setzen Sie sich gemeinsam in eine ruhige Ecke des Personalrestaurants, oder wählen Sie einen anderen eher untypischen Ort! Es wird beiden Seiten leichter fallen, die gewohnten Rollen abzulegen.

Erfolgsfaktoren für ein erfolgreiches Coaching

Ob ein Coaching wirkt, lässt sich nur in seltenen Fällen direkt nach dem Gespräch feststellen. Sie dürfen aber darauf vertrauen, dass Sie in jedem Fall etwas auslösen und in Bewegung setzen. Ob ein Coaching erfolgreich war, wissen Sie erst, wenn der Mitarbeiter das nächste Mal zu Ihnen kommt.

Halten Sie sich an einige Grundsätze, stehen die Chancen gut, dass Sie als Coach Wirkung erzielen. Welche Punkte es sind, ist von Coach zu Coach unterschiedlich. Mit der Zeit werden Sie Ihre eigene «innere Checkliste» entwickeln und anwenden:

- Klären Sie, was der Mitarbeitende in dieser Situation von Ihnen erwartet.
- Bestimmen Sie Ihre Position auf der Coachen-/Bestimmen–Entscheidungsmatrix.
- Bleiben Sie authentisch.
- Stellen Sie Fragen.
- Nehmen Sie sich für Ihre Mitarbeitenden Zeit (sofern Sie sie haben).

Ratschläge: ja oder nein?

Sollen Sie Ihrem Coachee Tipps geben? Kaum eine Frage ist unter Fachleuten so umstritten wie diese. Aus unserer Erfahrung können wir hierzu sagen, dass ungefragte Ratschläge praktisch nie willkommen sind. Zeigt sich, dass es für den Mitarbeitenden hilfreich wäre, massvolle Tipps zu erhalten, so fragen Sie ihn, ob sie für ihn von Nutzen wären. Verlassen Sie sich darauf, dass Ihr Mitarbeiter selber bestimmen wird, welche Empfehlungen er akzeptiert und welche nicht. Als Alternative können Sie Tipps als Fragen formulieren: «Könnte Dir das eventuell helfen?». Oder: «Andere Mitarbeitende haben damit gute Erfahrungen gemacht. Vielleicht ist das auch für Dich nützlich?». Grundsätzlich verzichten sollten Sie auf manipulative Suggestivfragen.

Der Coaching-Prozess

Ihre Coachings werden sich in Form, Inhalt und Wirkung stark voneinander unterscheiden. Der gemeinsame Nenner wird aber immer die Lösungsorientierung sein. Sie werden Coachings führen, die vorgängig vereinbart wurden, 40 Minuten oder länger dauern. Bestimmt werden Sie auch viel kürzere Gespräche erleben, die weniger als 5 Minuten Zeit in Anspruch nehmen und sehr spontan entstehen. Mehr lesen Sie darüber im 2. Teil im Kapitel: «Lösungsorientiertes Kurzzeitcoaching im Führungsalltag».

Im folgenden Kapitel lernen Sie die einzelnen Schritte eines Coachings kennen. Sie sind nicht als starres Ablaufschema zu verstehen, sondern als Wegleitung. Solange Sie den grösstmöglichen Kundennutzen im Auge behalten und dafür den Prozess flexibel und situativ gestalten, machen Sie alles richtig. Haben Sie den Mut, mit den einzelnen Elementen zu experimentieren, und entwickeln Sie Ihren eigenen Coaching-Stil!

Coachen-Prozessschritte

1. Abholen & Ankommen
2. Zielvereinbarung
3. Lösungsebene
4. Strategien & Ressourcen
5. Absicht & Handlung
6. Verifikation
7. Experimente
8. Bestärken

1. Abholen und Ankommen – getting ready
Die Tatsache, dass Ihr Mitarbeiter Sie für ein Coaching-Gespräch aufsucht und sich die Zeit dafür nimmt, weist darauf hin, dass ihn etwas Ernsthaftes beschäftigt. Nehmen Sie die Rolle des Gastgebers ein, und lassen Sie den Mitarbeiter darüber reden, sofern es sein Bedürfnis ist. Geben Sie ihm die Möglichkeit, indem Sie ihn beispielsweise fragen: «Ist es nützlich, wenn Du etwas über Dein Thema erzählst?». Oder: «Gibt es etwas, was ich über die Situation wissen sollte?». Das hat nichts damit zu tun, dass Sie sich als lösungsorientier Coach nicht mit der Problemebene auseinandersetzen. Stattdessen kann er einen «Raum» nutzen, in dem ihm jemand zuhört. Häufig entwickeln sich erste Lösungsansätze beim Ausformulieren des Themas. Diesen Raum zu lassen, schafft zudem Vertrauen und Verständnis.

Überlassen Sie dem Mitarbeiter, wie lange er über sein Thema sprechen will. Seien Sie nicht überrascht, wenn Sie Coachings erleben, in denen Ihr Gegenüber eine Stunde erzählt, sich danach für das Gespräch bedankt und verabschiedet. Möglicherweise ist der Mitarbeiter weg, noch bevor Sie zum 2. Schritt des Coaching-Prozesses kommen. Solange es für ihn hilfreich ist, spielt das keine Rolle. Sie können davon ausgehen, dass auch dieser «Monolog» beim Mitarbeitenden etwas in Bewegung setzen wird.

Dreht der Mitarbeiter in einer Endlosschleife auf der Problemebene, unterbrechen Sie diese Negativspirale, um in die nächste Prozessphase zu gehen. Eine Möglichkeit ist das Stellen einer «Coping Question». Hier fragt der Coach nach einer bewährten Bewältigungsstrategie in besonders belastenden Situationen. Beispiel: «Diese Situation ist wirklich nicht einfach auszuhalten. Wie schaffst Du das?». In den meisten Fällen ist dieses Szenario nicht notwendig. Sie werden einen natürlichen Übergang auf die Lösungsebene finden.

2. Zielvereinbarung
Klären Sie mit Ihrem Mitarbeiter das Ziel des Gesprächs. Räumen Sie für diesen Schritt genügend Zeit ein, da viele Coachee in diesem Augenblick noch keine klare Vorstellung davon haben. Fragen Sie nach, wenn Ihnen die Zielformulierung zu ungenau erscheint oder Sie sie nicht verstehen.

Die Vereinbarung über das Ziel des Coachings ist für beide Seiten wichtig. Für Sie als Coach ist die Zielvereinbarung mit einer Art «Richtschnur» zu vergleichen, an der Sie sich während des Gesprächs laufend orientieren. Am Ende können Sie – gemeinsam mit dem Mitarbeiter – überprüfen, ob das Ziel erreicht wurde.

Mögliche Einstiegsfragen sind: «Welches Ziel hat unser heutiges Gespräch?». Oder: «Was möchtest Du aus unserem Gespräch mitnehmen?». Geeignet sind ferner Fragen, mit denen Sie Ihren Mitarbeitenden gedanklich in die Zukunft versetzen, wie beispielsweise: «Woran würdest Du erkennen, dass sich nach unserem heutigen Gespräch etwas (zum Positiven) verändert hat?». Ergänzend regen Sie mit einer Folgefrage einen Perspektivenwechsel an: «Woran würden das die anderen Mitarbeitenden erkennen?».

Mit der Frage: «Was würdest Du anders machen?», lösen Sie nicht nur aus, dass der Mitarbeiter sich mit der Zukunft auseinandersetzt, Sie richten den Fokus auf die positive Veränderung und die Unterschiede.

3. Von der Problem- auf die Lösungsebene – preferred future

Nun kennen Sie die Erwartungen des Mitarbeiters an dieses Gespräch, und Ihnen ist es gelungen, dass er «angekommen» ist und sich wohl fühlt. Es ist an der Zeit, dass der Mitarbeiter sich mit der Vorstellung auseinandersetzt, wie eine zukünftige Lösung aussehen könnte. Stellen Sie sich vor, dass Sie nun gemeinsam mit ihm eine Zeitmaschine besteigen und den Steuerhebel Richtung Zukunft, also Richtung Lösungsebene, legen.

Die erste Etappe muss nicht weit entfernt liegen. Es genügt, dass Sie den Zeitpunkt auf morgen, nächste Woche oder in 14 Tagen setzen. Typische Fragen sind:

- «Woran würdest Du erkennen, dass sich etwas verändert hat?»
- «Wie würden Deine Kollegen merken, dass etwas anders ist?»

Um Veränderungen und Unterschiede zu heute messbar zu machen, sind Skalierungsfragen geeignet. Bevor Sie mit dem Mitarbeiter den Schritt auf die Lösungsebene machen, klären Sie, wo er heute steht. Eine Skalierungsfrage leiten Sie ein, indem Sie zuerst vorgeben, wofür 1 resp. 10 auf einer Skala stehen: «Nehmen wir an, 1 ist der tiefste Wert und entspricht dem «Worst Case» in Deiner Situation. Bei 10 werden alle Deine kühnsten Erwartungen übertroffen. Wo auf dieser Skala stehst Du heute?». Auf der Lösungsebene lautet die Anschlussfrage beispielsweise: «Woran würdest Du erkennen, dass Du auf der Skala einen Schritt höher wärst?».

Alle diese Fragen zielen darauf ab zu erfahren, worin die Unterschiede zu heute liegen. Achten Sie auf die Körperhaltung, die Stimme und die Artikulation Ihres Gesprächspartners. Sie können beobachten, dass der Mitarbeitende sich erkennbar wohler fühlt, weil es ihm gelungen ist, sich in seinem «Wunsch-Szenario» zu bewegen. Machen Sie sich als Coach auf die Suche nach diesen Unterschieden, und versuchen Sie, gemeinsam mit ihm weitere Veränderungen zu entdecken. In ihnen liegt das Potential, etwas zu bewegen und die Ist-Situation zu verbessern.

4. Bereits erfolgreich eingesetzte Strategien und Ressourcenaktivierung

Mit dem Schritt auf die Lösungsebene entwickelt der Mitarbeitende ein klareres Bild, worin die Veränderungen liegen, die zu einer Verbesserung seiner Situation führen. Nun geht es darum, wie diese Veränderungen erreicht werden. Wir fragen ihn, ob er bereits positive Erfahrungen bei ähnlichen Problemstellungen gemacht hat. Wenn ja, wie ihm das gelungen ist und welche seiner Ressourcen (Stärken) es waren, die zum damaligen Gelingen geführt haben.

Beispielsweise erwähnt der Mitarbeiter, dass die damalige Situation dank seiner humorvollen Art hatte geklärt werden können. So fragen Sie, ob sein Humor auch in der heutigen Situation nützlich sein könnte.

5. Die nächsten kleinen Schritte – Absicht und Handlung
In dieser Phase werden Nägel mit Köpfen gemacht. Aufbauend auf die erkannten Ressourcen und die früher gemachten positiven Erfahrungen (siehe Phase 4), fragen Sie beispielsweise: «Was wäre denn nun anders, wenn Du einen ersten Schritt in Richtung Deiner Zielvorstellung gemacht hättest?». Unsere Erfahrung besagt, dass es für den Kunden hilfreich ist, wenn ihm möglichst konkrete Fragen gestellt werden, wie zum Beispiel:

- «Was wäre anders, wenn Du auf der Skala bereits einen Schritt weiter wärst?»
- «Was würdest Du morgen, wenn Du in Dein Büro kommst, anders machen, um ...».
- «Woran würden Deine Kollegen merken, dass Du bereits einen Schritt weiter bist?»

Stellen Sie offene Fragen, und geben Sie Ihrem Mitarbeiter auch hier genügend Zeit und Raum, um seine Antworten zu entwickeln. Denn oft entspricht unser Denktempo nicht dem unseres Gegenübers.

6. Verifikation
Auch wenn das (von Ihnen) erwartete «Feuerwerk» an Ideen, Handlungsplänen und Absichten nicht abgebrannt ist, werden Sie immer etwas bewegen können. Dass ein

Mitarbeiter nach 30 Minuten Coaching sein Leben umkrempelt und sein Verhalten ändert, entspricht nicht der Realität. Mit solchen Ambitionen würde sich jeder Coach eher belasten und überfordern. Freuen Sie sich über die kleinen Schritte, an Erkenntnissen des Mitarbeiters und daran, dass Sie vielleicht einen kleinen Stein ins Rollen gebracht haben. Einen Stein, der möglicherweise eine Lawine auslösen kann.

Nehmen Sie in dieser Phase des Coaching-Prozesses nochmals das Ziel aus Phase 2 auf. Klären Sie mit dem Mitarbeiter, wo er auf dem Weg zu seinem vorher formulierten Ziel steht. Wir variieren bei diesem Punkt zwischen folgenden drei Möglichkeiten:

Sie fragen den Mitarbeiter, wie hilfreich das Gespräch auf einer Skala von 1 bis 10 war. Nachdem er einen Wert genannt hat, können Sie ihn fragen, ob das «gut genug» sei oder ob er noch etwas bräuchte. Wenn das der Fall ist, können Sie den Mitarbeiter z. B. fragen, auf welchen Wert er auf der Skala kommen möchte. Und definieren zusammen mit ihm die nötigen Schritte, die ihn unterstützen könnten, dorthin zu gelangen.

Um das Coaching abzurunden und zu überprüfen, wo Ihr Mitarbeiter im Hinblick auf seine Zielerreichung steht, können Sie ihm die Frage stellen: «Gibt es noch eine Frage, die zu stellen ich vergessen habe?». Oder Sie stellen die Zuversichtsfrage: «Wie zuversichtlich bist Du, das in Deinem Arbeitsalltag umsetzen zu können?».

7. Experimente

Es kann unterstützend wirken, dass Sie Ihren Mitarbeiter zu einem Experiment einladen. Das kann hilfreich sein, damit er bis zum nächsten Coaching sein eigenes Verhalten reflektiert und Situationen übt, aber auch dass er sich mit der Lösungsebene auseinandersetzt. Wichtig ist, dass der Mitarbeitende diese Einladung zu Experimenten nicht als «Hausaufgabe» ansieht. Es ist ihm freigestellt, ob er diese Einladung annehmen will oder nicht.

8. Bestärken

Nehmen Sie Bezug auf eine erkannte Ressource, und bestärken Sie Ihren Mitarbeitenden darin. Sprechen Sie Ihre Zuversicht aus. Bleiben Sie dabei aber immer authentisch und ehrlich. Wenn Sie beispielsweise die Geduld des Mitarbeiters bemerkenswert finden, können Sie sagen: «Deine Geduld, an einer Sache dranzubleiben, finde ich sehr bemerkenswert. Ich bin zuversichtlich, dass diese Eigenschaft Dich unterstützen wird, so dass Dir Dein Vorhaben gelingen wird.».

Teil 2

Lösungsorientiertes Kurzzeitcoaching im Führungsalltag

In den vorangehenden Kapiteln lag der Fokus auf den vereinbarten Coaching-Gesprächen. Situationen, in denen der Mitarbeiter auf Sie zugeht und ein Coaching in Anspruch nimmt. Der reale Führungsalltag ist geprägt von spontanen Situationen, in denen Ihre Mitarbeitenden auf Sie zukommen. Sie fragen nach Unterstützung und Rat, holen Informationen ab und erwarten Entscheidungen. Möglicherweise ist es auch eine Situation, in der nicht der Mitarbeitende auf Sie zukommt, sondern umgekehrt? Sie werden in der Regel kaum ein «klassisches» Coaching führen. Haben Sie das Potential des lösungsorientierten Führungsstils einmal entdeckt, werden Sie mehr und mehr Situationen erkennen, in denen Sie ihn anwenden können.

Im letzten Kapitel haben wir den gesamten Coaching-Prozess angeschaut. Beim lösungsorientierten Führungscoaching fokussieren wir uns auf Prozessschritt Nr. 3, also den Gang auf die Lösungsebene. In einigen Situationen kann Schritt Nr. 4 (Strategien & Ressourcen) optional eingesetzt werden.

Es gibt keine «Mindestanforderungen» an ein lösungsorientiertes Führungscoaching. Ein solches kann aus einer Frage oder einer Bestärkung einer Ressource bestehen. Oft genügt die Frage: «Was wäre anders, wenn sich die Situation zum Positiven verändert hätte?». Oder: «Woran würdest Du erkennen, dass es besser/anders wurde?».

Möglich sind auch Fragen, die auf bereits erfolgreich angewendete Strategien zielen, wie zum Beispiel: «Was hast Du früher, in ähnlichen Situationen gemacht, das funktioniert hat?».

Wir laden Sie ein, in Ihrem Führungsalltag auf Entdeckungsreise zu gehen. Finden Sie Situationen, in denen eine Lösungsorientierung hilfreich sein könnte. Nutzen Sie jede Gelegenheit, um sie auch anzuwenden!

Im Folgenden finden Sie einige Fallbeispiele, in denen eine Lösungsorientierung hilfreich ist.

Inspirationen für Ihren Führungsalltag

Anstellungsgespräche

Über ihre eigenen Stärken und Schwächen zu reden, fällt vielen Menschen schwer. In Anstellungsgesprächen lässt sich beobachten, dass die Stellensuchenden bei der oft gestellten Frage nach den persönlichen Schwächen Stärken als Schwächen «verpacken». Dies, um die Bescheidenheit zu wahren. Die Klassiker schlechthin sind: «Ich bin so ungeduldig» und «Ich bin viel zu genau». Gespräche, in denen über positive Eigenschaften und Erfahrungen gesprochen wird, gewinnen an Klarheit und Authentizität.

Wir gehen davon aus, dass Sie für Ihre offene Stelle eine Person suchen, die Erfolge ausweisen kann. So fragen Sie nach früheren Situationen, Projekten und Ergebnissen, auf welche die Kandidaten besonders stolz sind. Fragen Sie danach, was funktioniert. Werden solche Gespräche ressourcenorientiert geführt, beobachten wir immer wieder, wie sich bei den vielfach angespannten Bewerbern eine Entspannung einstellt. Das Gespräch nimmt einen positiven Verlauf. Das hat damit zu tun, dass sie über ihre Erfolge und tolle Geschichten erzählen können – und wer tut das nicht gern?

Eine mögliche Formulierung ist: «Erzählen Sie mir von einem Projekt, auf das Sie besonders stolz sind», und lassen Sie den Kandidaten sprechen. Im Anschluss daran können Sie beispielsweise fragen: «Und welche von Ihren Fähigkeiten war in diesem Projekt besonders hilfreich?».

Dass kaum ein Projekt perfekt abläuft, liegt in der Natur der Sache. Fehler geschehen, nur ist dann das Thema, was wir daraus lernen. Hierzu stellen Sie die Frage: «Und was würden Sie im nächsten Projekt anders machen?». Mit grosser Wahrscheinlichkeit sind Sie nun im Gespräch dort angelangt, wohin Sie wirklich wollten. Sie erfahren ein Stück mehr von der Person, die Ihnen gegenübersitzt.

Besprechen von Führungsfeedbacks

In regelmässigen Abständen führen alle Vorgesetzten der Firma Sinus GmbH Befragungen über ihr Führungsverhalten durch. Diese sogenannten Führungsfeedbacks werden in einer ersten Runde durch die betroffenen Führungskräfte analysiert und interpretiert. In einem nächsten Schritt besprechen sie die Ergebnisse mit der nächsthöheren Führungsebene. In früheren Jahren waren das für alle oft nicht die einfachsten Gespräche, da eine eher defizitorientierte Kultur herrschte. Es ging um Fragen, was nicht gut lief und vor allem wo die Schwächen lagen. Alle Führungsstufen waren jeweils froh, wenn diese Gespräche abgeschlossen waren. Herr Gerber, Finanzchef der Sinus GmbH, begann, die Art und Weise solcher Gespräche zu hinterfragen, und suchte neue, nicht defizitorientierte Wege. In seinem ersten Gespräch hörte er erst den Erklärungen der Mitarbeiterin, Frau Santschi, zu. Herrn Gerber fiel auf, wie selbstkritisch, ja geradezu streng, sie mit sich selber war. Ihr Massstab, an dem sie sich selber mass, war hoch angesetzt und widerspiegelte eigentlich nicht das Bild, das die Mitarbeitenden von Frau Santschi gezeichnet hatten. Die befragten Mitarbeitenden sahen sie weit besser als sie sich selbst. Herr Gerber teilte übrigens die Ansicht der Mitarbeitenden und schätzte ihre Führungsqualitäten. Nachdem sie ihre Erklärungen zu Ende gebracht hatte, fragte Herr Gerber sie nur: «Und auf welche von Deinen Führungsqualitäten bist Du besonders stolz?». Offensichtlich war Frau Santschi von der positiven Fragestellung überrascht und antwortete ihm: «Dass ich immer eine offene Türe für meine Mitarbeitenden habe.». Sie führten eine offene Diskussion über ihre Stärken und was alles noch möglich wäre. Beide beendeten das Gespräch mit einem guten Gefühl und viel Motivation, mehr von dem zu tun, was funktioniert.

Eine Woche später folgte das Gespräch mit Herrn Lussi, einem weiteren Mitarbeiter von Herrn Gerber, über dessen Führungsfeedback. Bei ihm begann Herr Gerber genau gleich, indem er Herrn Lussi erst aufforderte, sein Resultat zu präsentieren. Im Vorfeld zu diesem Gespräch hatte Herr Gerber jene Punkte vorgehoben, bei denen Herrn Lussis Selbsteinschätzung schlechter war als die Rückmeldungen seiner Mitarbeitenden. Nach seinen Erklärungen nannte Herr Gerber jene augenfälligsten Führungseigenschaften, die ihn besonders beeindrucken, und fragte ihn, auf welche er besonders stolz sei. Im Unterschied zum Gespräch vor einer Woche hob Herr Gerber die positiven Eigenschaften von Herrn Lussi hervor. Der Ausgang dieses Gesprächs war ebenso erfolgreich wie derjenige des ersten.

Stehen die Führungskräfte nicht am Anfang ihrer Karriereleiter, sind ihnen ihre Defizite in der Führung meistens bewusst. Als Vorgesetzter gehört es durchaus zu den Aufgaben, auf «blinde Flecken» hinzuweisen. Aber noch mehr, die Mitarbeitenden in ihren Ressourcen zu bestärken und ihr vorhandenes Entwicklungspotential auszuloten und auszuschöpfen.

Moderation von Workshops

Ungenügende interne Kommunikation, fehleranfällige Prozesse und lange Lieferzeiten führten zu einer Produktequalität, die innerhalb und ausserhalb des Logistik-Teams zu einer grossen Unzufriedenheit führte. Als CEO sah Herr Frutiger diese Situation als Chefsache an und lud die Mitarbeitenden des Teams zu einem Workshop ein. Solche Situationen hatte Herr Frutiger bereits mehrfach erlebt. Das Vorgehen war immer das Gleiche: Man begann mit einer Aufnahme des Ist-Zustands und definierte einen «abstrakten» Soll-Zustand. Den Teil dazwischen – nämlich das Problem – versuchte man zu lösen. Trotz seiner Erfahrung war es für Herrn Frutiger in seiner Moderatorenrolle immer eine Gratwanderung. Die Mitwirkenden sollten sich nicht mit irgendwelchen Schuldzuweisungen eindecken. Im besten Fall waren die Teilnehmenden konstruktiv und sachlich, trotzdem waren genügend Emotionen vorhanden, damit sich auch alle einbrachten. Meistens resultierte daraus eine «lauwarme» Lösung, mit der niemand das Gesicht verlor, die den grössten gemeinsamen Nenner darstellte und mit der das Problem behoben zu sein schien. Das Verhältnis war immer ungefähr gleich: Über den Soll-Zustand wurde 10% diskutiert, über das Problem 90%.

In dieser Situation wechselte Herr Frutiger von einer Problem- zu einer Lösungsorientierung: Mit einem solchen Fokus sind wir nicht am eigentlichen Problem interessiert, sondern an der Lösung, den Veränderungen und an dem, was bisher funktioniert hat. In einem ersten Teil liess er den Workshop-Teilnehmenden genügend Raum, um alles zu nennen, was sie beschäftigte und was sie als relevant empfanden. Diese Phase war für den weiteren Verlauf nicht von grosser Bedeutung, aber dennoch wichtig. Dadurch nahm er die Mitarbeitenden ernst und holte sie dort ab, wo sie gerade standen. In der Vorbereitung markierte er auf dem Boden des Raums eine grosse Skala von 1 bis 10. Nun bat er die Teilnehmenden, sich dort auf der Skala zu positionieren, wo sie ihr Team zurzeit sahen. Er nahm bei dieser Vorgehensweise in Kauf, dass die Ansicht darüber, wo das Team stand, untereinander stark abweichen würde. Herr Frutiger nahm die Bandbreite zwischen 3 und 5, dort wo die meisten Nennungen der Gruppe lagen. Er stellte seine Einstiegsfrage folgendermassen: «Nehmen Sie an, in einer Woche hat sich die Situation um einen Schritt, wie gross der auch immer sein mag, verändert. Woran würden Sie das erkennen?». Es gab zahlreiche Nennungen, die sie auf grossen Plakaten festhielten. Nun folgte der Perspektivenwechsel mit der Frage: «Und woran würde unser Kunde erkennen, dass Sie einen Schritt weiter sind?». Auch diese Wortmeldungen wurden zu Papier gebracht. Es war an der Zeit, den Fokus auf mögliche, bereits erfolgreich eingesetzte Strategien und auf die vorhandenen Ressourcen des Teams zu legen. Herr Frutiger tat das, indem er die Mitarbeitenden auf Kärtchen aufschreiben liess, worauf sie bei ihrem Team besonders stolz seien. Anfänglich wurde es still, und es schien, als ob er mit dieser Fragestellung die Teilnehmenden fast überfordert hätte. Mehrmals wurden der tolle Teamgeist und die Kreativität genannt. Man erinnerte sich daran, dass man früher mehr gemeinsam unternommen hatte und mehr zusammenstand. «Inwiefern wären diese Stärken denn möglicherweise hilfreich, um die vorgängig erwähnten Veränderungen herbeizuführen?», lautete seine Frage an die Gruppe. Nun begannen sie wild zu diskutieren, eine Idee jagte die andere, und er hörte nur zu. Am Ende blieb die Idee, dass sich das Team in der nächsten Zeit jeden Tag zu einer fünf- bis zehnminütigen Kurzbesprechung treffen wolle. Dies, um die anstehenden Pendenzen zu besprechen und die Aufgaben klarer zu verteilen. Herr Frutiger sicherte noch ab, dass die notwendigen Aufgaben dazu erteilt waren, und beendete den Workshop.

Vier Wochen später traf sich das Team zu einem Folge-Workshop. Herrn Frutigers erste Frage war: «Was ist seit dem letzten Mal besser?».

Die positive Stimmung innerhalb der Gruppe war spürbar, und sie war sichtlich stolz auf die erreichten Veränderungen. Konkret nannten die Teilnehmenden, dass alle nun informierter seien, und es sei gelungen, eine bessere Priorisierung zu setzen. Das habe sich rasch auch positiv auf die Kundenzufriedenheit ausgewirkt. Die Gruppe hatte es geschafft, sich aus der Abwärtsspirale zu lösen und dem Negativtrend entgegenzuwirken.

Mitarbeitergespräche / Fördergespräche

Alle Jahre wieder stehen sie an, die Mitarbeiter-/Fördergespräche. Eine Herausforderung für beide Seiten, den Vorgesetzten und den Mitarbeitenden. In den ersten Jahren der Zusammenarbeit mag es der Führungsperson noch leichter fallen, seinen Mitarbeiter zu beurteilen. Da sind auf der einen Seite die Erwartungen und auf der anderen der Mitarbeiter, der sie irgendwo von «übertroffen» bis «mehr schlecht als recht» erfüllt. Aber mit den Jahren wird man eingespielter, hat sich aneinander gewöhnt, und das Risiko ist gross, dass man sich wiederholt. Das an sich gute Instrument der Mitarbeiterbeurteilung droht zur Farce zu werden. Der lösungsorientierte Fokus eignet sich dann bestens. Nicht nur für die Beurteilung der geleisteten Arbeit, sondern auch für die Entwicklung und dazu, den Blick auf Veränderungen zu richten.

Herr Stamm war Spezialist in der Rechtsabteilung der Annova Versicherungen AG. Eine Führungsperson mit hoher Akzeptanz bei seinen Mitarbeitenden. Verbesserungspotential sah seine Vorgesetzte, Frau Schäfer, in seinem Management von Projekten. Immer wieder stolperte er über methodische Fehler, und Projekte drohten zu scheitern. In einem Führungsgespräch nahm Frau Schäfer seine Stärken und sein Entwicklungspotential genauer unter die Lupe. Er stufte sich persönlich bei einer 6 auf einer Skala von 1 bis 10 ein. Sie fragte ihn, was es denn ausmache, dass er bereits auf einer 6 sei. Die Antwort kam sehr rasch. Herr Stamm meinte, dass seine Stärke der Umgang mit der Komplexität von Projekten sei und dass er eigentlich selten ein Projekt aus den Augen verliere. «Sehr bemerkenswert», kommentierte seine Vorgesetzte seine Einschätzung. In der Tat, Herr Stamm hatte eine rasche Auffassungsgabe und verlor kaum den Überblick. «Herr Stamm, woran würde ich denn erkennen, dass Sie auf der Skala einen Schritt weiter, also auf einer 7, wären?». Er dachte lange nach, schliesslich meinte er: «Sie würden in kleineren Abständen von der Entwicklung des Projektes hören.». Sie fragte nach weiteren Unterschieden: «Die Definition der Projektziele wären präziser formuliert und vor allem messbar.». Sie überlegte kurz und fragte ihn, ob es denn einmal ein Projekt gab, bei dem er mit der Definition der Projektziele richtig zufrieden gewesen sei. «Ja, bei diesem Performance-Projekt vor zwei Jahren. Das hat richtig Spass gemacht.». «Und weshalb ist Ihnen das damals gelungen, wie haben Sie das geschafft?». Er antwortete prompt: «Ich habe mir damals für die Definition genügend Zeit genommen und dieser Projektphase eine grosse Bedeutung gegeben. Zudem habe ich während des Projekts laufend abgeglichen, ob wir überhaupt die richtigen Ziele verfolgten.». Zufrieden und mit einem Lächeln lehnte er sich zurück. Seine Zuversicht war sichtbar, und Herr Stamm wusste genau, was im nächsten Projekt zu tun war.

Kollegiales Coaching

Die Organisation Pro Età setzt sich für ältere Menschen ein, die sich in herausfordernden Lebensphasen befinden, in denen sie auf persönliche Hilfe durch Dritte angewiesen sind. Der Verein lebt den Grundsatz der Ressourcenorientierung. In Bezug auf ihre Klientel bedeutet das, dass davon ausgegangen wird, dass jeder Mensch über Ressourcen verfügt. Ein zentrales Anliegen von Pro Età ist, diese Menschen in ihren Ressourcen zu stärken.

Intern wurde festgestellt, dass Pro Età selbst zwar eine wertschätzende Kultur pflegt, untereinander jedoch kaum ressourcenbestärkend wirkt. So begann die Geschäftsführerin – neben den üblichen Fallbesprechungen –, auch Sequenzen des lösungsorienterten kollegialen Coachings einzuführen. Diese Form unterscheidet sich von den gängigen, bekannten Varianten dadurch, dass eine ressourcenbestärkende Phase vorgesehen ist. Das kollegiale Coaching ist geeignet für Gruppen von bis zu ca. 10 Personen und wird durch eine Person moderiert, die vor allem für die Einhaltung der Zeit verantwortlich ist. Der Ablauf sieht wie folgt aus:

In einer ersten Runde erläutert der Fallgeber seine Situation und die Fragestellung an die Gruppe. Im Anschluss stellen die Teilnehmenden Verständnisfragen. Und nun kommt der aus unserer Sicht wichtigste Teil des kollegialen Coachings - die Phase der Ressourcenbestärkung: Die Gruppe nennt jene Punkte, die ihr beim bisherigen Vorgehen des Fallgebers besonders positiv aufgefallen ist. Im Anschluss an diese Runde können die Teilnehmenden Tipps (ja, hier ist das erlaubt) abgeben. In der Schlussphase reflektiert der Fallgebende die Rückmeldungen der Gruppenmitglieder.

Die Rückmeldungen aus zahlreichen kollegialen Coachings zeigen, dass es nicht die Phase der Ideen und Ratschläge ist, die besonders hilfreich ist. Fast immer ist es die Phase der Ressourcenbestärkung. Bei Pro Età wird das Werkzeug des kollegialen Coachings als besonders wirkungsvoll und effizient genannt. Es hat sich als willkommene Alternative zu den gängigen Supervisionen etabliert.

Literaturverzeichnis

- Grawe, K. Donati, R. & Bernauer, F. (2001). Psychotherapie im Wandel. Von der Konfession zur Profession. Göttingen: Hogrefe
- Kim Berg, I. & Szabó, P. (2005). Brief Coaching for Lasting Solutions. W.W.Norton, New York.
- De Shazer, S. Vogt, M., Wolf, F., Sundman, P. & Dreesen, H. N. (2012). Begegnung mit Steve de Shazer und Insoo Kim Berg. Verlag modernes Lernen, Dortmund.